Johanna Bukovsky Daniel Zupanc

FINJA

Das Schönbrunner Eisbären-Mädchen

KIKO Verlag

IMPRESSUM

Text: Johanna Bukovsky
Fotos: Daniel Zupanc, www.zupanc.at

Mit Ausnahme von:
S. 30, S. 31: Marko Junttila/Ranua Zoo, S. 32, S. 33: Signe Kalgan/Tallinn Zoo
S. 116, S. 119, S. 121, S. 122, S. 128: Kt Miller/PBI, S. 117: Madison Stevens/PBI
S. 118, S. 125, S. 127: Tim Auer/PBI, S. 120: Mike Lockhart/PBI
S. 123, S. 124: Simon Gee/PBI, S. 126, S.128: Søren Koch/PBI

Umschlaggestaltung und Layout: Daniel Zupanc

Druck: Print Alliance HAV Produktions GmbH, A-2540 Bad Vöslau
gedruckt auf PEFC-Papier

ISBN 978-3-902644-37-4

INHALTSVERZEICHNIS

Finjas Fotoalben

VORWORT

Dr. Stephan Hering-Hagenbeck

Knapp zwei Monate bevor ich als Direktor die Verantwortung für den berühmten Tiergarten Schönbrunn übernommen habe, ereignete sich etwas, das meine erste Zeit in Wien maßgeblich prägen sollte: Am 9. November 2019 kam das Eisbären-Mädchen Finja zur Welt. Egal, wie stressig die ersten Tage im neuen Job auch waren, es blieb stets Zeit, auf meinem Computer einen kurzen Blick in die Wurfhöhlen-Videos zu werfen.

Mitte Februar war Finja endlich live zu sehen! Sie eroberte die Herzen der Besucherinnen und Besucher im Sturm. Jung und Alt drücken sich derzeit die Nasen an den Scheiben platt, um das Eisbären-Mädchen zu erleben. Dieses Live-Erlebnis verdeutlicht, was für mich einen Besuch im Zoo unersetzbar macht. Wenn man Finja beobachten kann, wie sie im Teich planscht, an Sträuchern knabbert oder sich im Gras wälzt, löst dies auch Begeisterung für Finjas bedrohte Artgenossen in der Arktis aus.

Eisbären zählen zu den sogenannten Flaggschiff-Arten. Darunter versteht man Tierarten, die in der Öffentlichkeit als Sympathieträger wirken und es schaffen, die Menschen für den Schutz ihres Lebensraumes und somit

auch für andere Arten, die dort leben, zu gewinnen. Zoologische Gärten haben in den vergangenen Jahrzehnten viel investiert, um Eisbären tiergerechte Anlagen zu bieten, in denen sie ihre natürlichen Verhaltensweisen ausleben können. Dafür sind sie stets am Puls der Forschung, entwickeln die Haltungsbedingungen nach neuesten Erkenntnissen laufend weiter und tauschen im Rahmen des Europäischen Erhaltungszuchtprogramms (EEP) nicht nur Tiere, sondern auch ihr Expertenwissen aus.

Die Zucht von Eisbären in Zoologischen Gärten ist nach wie vor keine Selbstverständlichkeit. In Schönbrunn hat sie jedoch eine lange Tradition. Nach der Eröffnung der neuen Eisbärenwelt im Jahr 2014 konnte der Tiergarten mit der Geburt von Finja an frühere Zuchterfolge anschließen.

Im Sommer 2010 hatte ich die Möglichkeit, den natürlichen Lebensraum der weißen Bären persönlich zu erleben. Im Zuge meiner Konzepterarbeitung für das neue Eismeer im Tierpark Hagenbeck war ich gemeinsam mit zwei Forschern des Fraunhofer Institutes und einem norwegischen Skipper auf einer dreiwöchigen Expedition auf einem Segelschiff um Svalbard, besser bekannt als Spitzbergen.

Hier wurde mir klar: Der Eisbär ist der König der Arktis und macht jeden Aufenthalt an Land zu einem Abenteuer. Bei unseren Landgängen sind wir häufig auf seinen imposanten Spuren geschritten. Gesehen haben wir dieses mächtige Raubtier, Gott sei Dank, nur aus sicherer Entfernung vom Wasser aus. Die Gegend um Svalbard zählt auf alle Fälle zu den arktischen Regionen mit der höchsten Dichte an Eisbären. Dass die Tiere auf Spitzbergen allgegenwärtig sind, merkt man bereits in der einzigen kleinen Stadt, Longyearbyen. Hier wird überall vor der großen Gefahr gewarnt, die von Eisbären ausgehen kann. Leider kommt es gerade auf Spitzbergen immer öfter zu schwerwiegenden Mensch-Tier-Konflikten, da ein hungriger Eisbär auch den Menschen angreift. In den Sommermonaten halten sich die Eisbären auf Spitzbergen häufig in der Nähe von großen Vogelkolonien auf. Mit dieser Beobachtung kann man bereits Rückschlüsse

auf die Auswirkungen des Klimawandels auf das Verhalten der Tiere ziehen. Das schwindende Packeis im Sommer verhindert nämlich, dass die Eisbären Robben jagen können. Somit müssen sie mit der erreichbaren Beute, Jungvögel und Eier, vorliebnehmen. Doch richtig satt macht das natürlich nicht.

In der Wildbahn sieht die Situation für die Eisbären also eher traurig aus. Durch einen langen Evolutionsprozess haben sich die mächtigen Tiere über Jahrmillionen an die schwierigen Bedingungen in ihrem Lebensraum angepasst. Jetzt stehen sie vor den großen Herausforderungen des Klimawandels. Zoologische Gärten schaffen Bewusstsein, dass Entscheidungen von uns auch einen Einfluss auf das Leben der Eisbären in der fernen Arktis haben. Der Tiergarten Schönbrunn unterstützt darüber hinaus die Organisation Polar Bears International (PBI), eine der größten Initiativen zur Rettung der Eisbären.

Für jedes verkaufte Exemplar dieses Buches spendet der KIKO Verlag 1 Euro an PBI. Somit ist Finja auch in Buchform eine kleine Botschafterin für ihre Verwandten in der Arktis. Lassen Sie sich von Finja verzaubern – durch die Fotos hier im Buch und bei Ihrem nächsten Besuch im Tiergarten Schönbrunn!

Wir freuen uns auf Sie!

Dr. Stephan Hering-Hagenbeck
Direktor des Tiergarten Schönbrunn

Finjas Fotoalbum

Kleiner Schmutzfink

RANZO UND NORA

Das Schönbrunner Eisbären-Pärchen

Sanftmütig und gemächlich: So beschreiben die Schönbrunner Eisbären-Pfleger das stattliche Männchen Ranzo. Sein ungewöhnlicher Name ist eine Anlehnung an seinen Geburtsort, den Ranua Wildlife Park im Norden Finnlands. In seiner Heimat war Ranzo eine kleine Berühmtheit. Als er am 18. November 2011 geboren wurde, war die Freude im gesamten Land groß: Ranzo war der erste Eisbären-Nachwuchs Finnlands. Ein zweites Jungtier verstarb noch innerhalb der ersten besonders kritischen Tage in der Wurfhöhle, aber Ranzo entwickelte sich prächtig. Als seine Mutter Venus ihn drei Monate später zum ersten Mal in die Außenanlage führte, musste sie zuerst einen Schneeberg zur Seite schaffen, der sich vor der Tür angehäuft hatte. Ranzo tollte gerne mit seiner Mutter im Schnee, planschte ausgelassen und wurde zu seinem ersten Geburtstag mit einer Portion Lachs überrascht.

Im Alter von zweieinhalb Jahren war Ranzo bereits ein 300 Kilogramm schwerer Bär und trat seine Reise nach Wien an. Natürlich schwang in Ranua etwas Wehmut mit, als es hieß, Ranzo „Lebewohl" zu sagen. Vier Tage dauerte seine Reise in das 2.500 Kilometer entfernte Wien. Im Tiergarten Schönbrunn erwarteten Ranzo die neue Eisbärenwelt „Franz Josef Land" und seine Cousine Lynn, mit der er gemeinsam aufwachsen sollte. Im Frühjahr 2018 übersiedelte Lynn in den Zoo Kopenhagen, wo sie sich kurz darauf mit dem 2005 im Moskauer Zoo geborenen Männchen Nord paarte und Mutter wurde. Aber auch für Ranzo war bereits vorgesorgt: Im Rahmen des Europäischen Erhaltungszuchtprogramms (EEP) wurde das Weibchen Nora als seine zukünftige Partnerin

Ranzo im April 2012

Ranzo mit seiner Mutter Venus

S. 32 und S. 33: Nora im März 2014

ausgewählt. Bereits im Dezember 2017 war Nora im Tiergarten Schönbrunn eingetroffen und gewöhnte sich in aller Ruhe in der Innen- und Außenanlage ein, bevor sie im März erstmals auf Ranzo traf.

Nora wurde am 24. November 2013 im Zoo Tallinn in Estland geboren. Den Pflegern aus ihrer Heimat ist sie als richtiger Klettermaxe in Erinnerung geblieben. Drei Jahre nach Nora wurde ihr Bruder Aron geboren. Als 2017 im Zoo Tallinn eine neue Eisbären-Anlage eröffnet wurde, zogen Aron und seine Mutter Friida dort ein. Nora hingegen war alt genug, eigene Wege zu gehen. Sie blieb in der ursprünglichen Anlage, bis jener Tag gekommen war, an dem sie nach Wien übersiedeln sollte. Zwischen Nora und dem Tiergarten Schönbrunn besteht eine familiäre Verbindung. Noras Vater Nord wurde im Jahr 2001 hier geboren und kam über Zwischenstationen in den Zoos von Novosibirsk und Moskau schließlich nach Tallinn.

Die Zusammengewöhnung erwachsener Eisbären gilt als heikles Unterfangen und erfordert viel Fingerspitzengefühl. Doch bei Nora und Ranzo „funkte" es sofort. Auch oder gerade weil die beiden charakterlich sehr verschieden sind. Der gemütliche Ranzo beschäftigt sich gerne mit Spielzeug im XXL-Format, wie Reifen, bei denen er seine enorme Kraft beweisen kann. Die zwei Jahre jüngere Nora ist flotter unterwegs und deutlich geschickter. Kleine Bälle sind bei ihr eine gefragte Beschäftigung. Bis zur Geburt von Finja spielten die beiden häufig miteinander. Oft warf Nora ein Spielzeug in das Wasserbecken und Ranzo sprang aufgeweckt hinterher. Eines haben

die beiden mit allen Eisbären gemeinsam: Sie lieben Lebertran. Deshalb gibt es diesen Leckerbissen im Rahmen des medizinischen Trainings. Trainiert wird nach der Methode der positiven Verstärkung. Zeigen die Eisbären das erwünschte Verhalten, gibt es eine Belohnung. Zeigen sie es nicht, wird es einfach ignoriert. Auf ein bestimmtes Wort hin öffnet Ranzo das Maul, zeigt seine Zähne oder legt sich auf den Rücken. Nora beherrscht noch nicht so viel wie Ranzo. Sich auf die Waage zu stellen, ist aber auch für sie bereits eine einfache Übung. All das ist wichtig für die Pflege der Tiere oder, wenn der Tierarzt für eine Untersuchung kommen muss. Außerdem bereichert die mentale Stimulation ihren Tagesablauf.

Zwischen Eisbären und Tierpflegern gibt es natürlich keinen direkten Kontakt. Bevor die Pflegerinnen und Pfleger die Anlage betreten, werden die Tiere in die Innenanlagen gelockt. Wird die Anlage morgens gereinigt, schlafen die Bären in der Zwischenzeit noch eine Runde oder verzehren ihr Frühstück. Auf dem Speiseplan der Eisbären stehen Rindfleisch, Kaninchen und Fisch, aber auch Obst und Gemüse. Wie alle Bären sind Eisbären Allesfresser. Nora etwa liebt Salat und Karotten, Ranzo Lachs. Ein wichtiger Teil der Arbeit der Pflegerinnen und Pfleger ist, das Futter so vorzubereiten, dass sich die Tiere möglichst lang damit beschäftigen. Dazu wird zum Beispiel Wasser mit Fisch und Gemüse zu Eisbomben tiefgefroren, Fleisch vergraben oder ein Futter-Ball mit Birnenstücken gefüllt. Auch in der Wildbahn nimmt die Suche nach Nahrung einen großen Teil des Tages in Anspruch.

Finjas Fotoalbum

Spiel und Spaß

JOLLY
BALL

FINJAS ERSTE MONATE

Aus der Wurfhöhle in die Herzen der Besucher

Exakt 20.964 Namensvorschläge sind für das Eisbären-Mädchen eingelangt. Familien, Altersheime, Vereine und Schulklassen hatten sich passende Namen überlegt. Die E-Mails kamen aus aller Welt. Mit so einer großen Beteiligung an der Namenssuche hatte niemand gerechnet. Das Tierpfleger-Team legte ein paar Extraschichten ein, um alle Nachrichten lesen zu können, und entschied sich schlussendlich für den Namen „Finja": die Weiße und Schöne. 12 Jahre lag der letzte Eisbären-Nachwuchs im Tiergarten Schönbrunn zurück. Die 2007 geborenen Zwillinge Nanuq und Arktos sind mittlerweile zu stattlichen Bären herangewachsen und leben im Tiergarten Nürnberg in Deutschland und im Highland Wildlife Park in Schottland. Die Freude der Eisbärenfans, dass es wieder einmal ein weißes Fellknäuel in Schönbrunn gibt, ist groß. Das zeigte sich bereits am Interesse in den Sozialen Medien, als der Tiergarten die Geburt bekannt gab, und wurde später durch den Besucheransturm bestätigt, als Finja nach drei Monaten in der Wurfhöhle endlich zu sehen war.

Finjas Eltern Nora und Ranzo hatten stets die Angewohnheit, nachts gemeinsam in einer Schlafbox zu kuscheln. Im November 2019 ging Nora plötzlich zu ihrem Artgenossen auf Distanz und wollte sich die Schlafbox nicht länger mit ihm teilen. Ein mögliches Zeichen für eine Trächtigkeit. Die Pflegerinnen und Pfleger wurden hellhörig. Dass sich die beiden im Frühjahr mehrfach gepaart hatten, war nicht zu übersehen. Das Ergebnis war allerdings ungewiss. Am 9. November 2019 hatte das Warten schließlich ein Ende! Die sechs Jahre alte Nora wurde zum ersten Mal Mutter.

In ihrer mit Stroh ausgebetteten Wurfhöhle, angrenzend an die hinterste der drei Schlafboxen, brachte sie Zwillinge zur Welt. Ein Jungtier verstarb noch am Tag der Geburt. Erstgebärenden fehlt die Erfahrung bei der Aufzucht. Mit Zwillingen sind sie meist überfordert. Um das zweite Jungtier kümmerte sich Nora vom ersten Moment an fürsorglich. Sie säugte, putzte und wärmte es – völlig ungestört. Die Tierpfleger beobachteten die Aufzucht ausschließlich über eine Videokamera, die an der Decke der Wurfhöhle installiert war. So konnten sie die Entwicklung des Jungtieres mitverfolgen. Auch die Besucher sollten natürlich an der Aufzucht teilhaben können. Deshalb wurden Videos auf einem Bildschirm im Polardom, dem Besucherzentrum der Eisbärenwelt, gezeigt und regelmäßig über die Sozialen Medien verbreitet. Nur einer bekam vom Geschehen in der Wurfhöhle nichts mit: Ranzo. Eisbären-Männchen suchen in der Wildbahn sofort nach der Paarung das Weite und kümmern sich nicht um ihre Jungtiere. Im Gegenteil: Sie werden ihnen sogar oft gefährlich. Deshalb wurde die Anlage geteilt und Ranzo bewohnt derzeit einen eigenen Bereich der Eisbärenwelt. Er wird auch später keinen Kontakt zu Finja haben.

Die Sterblichkeitsrate bei Eisbären-Jungtieren ist hoch. Deshalb hieß es, Daumen drücken, dass bei Noras erstem Nachwuchs alles gut geht. Bei der Geburt nur ein halbes Kilogramm schwer, blind und so groß wie ein Meerschweinchen, war das Jungtier nach drei Wochen bereits doppelt so groß. Auf den Aufnahmen der Videokamera zeichnete sich bald ein kugelrunder Milchbauch ab. Dank der extrem fettreichen Milch der Weibchen wachsen

Eisbären-Jungtiere recht schnell. Wurde die Zitze einmal nicht auf Anhieb gefunden, protestierte Finja lautstark mit einem Quietschen, bis Mutter Nora nachhalf. Rund um die Uhr kümmerte sich Nora um ihren Nachwuchs. Sie wärmte ihn zwischen den Pfoten oder auf ihrem weichen Bauch. Im Alter von einem Monat öffneten sich die Augen, der Gehör- und Geruchssinn entwickelten sich. Für eine gewisse Zeit konnte die Kleine nun ihre Körpertemperatur schon halten. Ein- bis zweimal am Tag verließ Nora die Wurfhöhle für wenige Minuten, um zu trinken. Kaum quietschte ihr Jungtier, eilte sie zurück.

In der Arktis verbringen die Weibchen mehrere Monate in einer isolierenden Schneehöhle, um den Nachwuchs im tiefsten Polarwinter aufzuziehen. In dieser Zeit benötigen die Mütter keine Nahrung, da sie sich vorher einen Fettvorrat angefressen haben. Als sich Nora im November in die Wurfhöhle zurückgezogen hat, brachte sie 300 Kilogramm auf die Waage. Mit 80 Kilogramm weniger auf den Rippen kam sie Mitte Februar wieder heraus. Im Alter von rund zehn Wochen startete die Kleine ihre ersten Gehversuche. Auf den Videoaufnahmen

konnte man sehen, wie sie immer wieder versuchte, auf allen Vieren zu stehen, um dann ein paar wackelige Schritte zu machen. Kaum war sie sicher genug auf den Beinen, tapste sie aus der Wurfhöhle und erkundete neugierig die Innenräume der Eisbärenwelt. Bald zog es das Jungtier nur noch zum Schlafen in die Wurfhöhle zurück. Die übrige Zeit tapste es durch die Innenräume. Das zeigte deutlich: Finja war reif dafür, ihre Mutter in die Außenanlage zu begleiten.

Am 14. Februar war es soweit: Nach einer Generalprobe für die Medien am Vortag war Finja endlich für die Besucherinnen und Besucher zu sehen. Das kleine Eisbären-Mädchen erlebt seither jeden Tag aufs Neue große Abenteuer. Die Mutter gibt ihm dafür die nötige Sicherheit und bringt ihm Schritt für Schritt alles bei, was ein Eisbär können muss. Finja ist abenteuerlustig und die abwechslungsreich gestaltete Eisbärenwelt bietet ihr viel zu entdecken. Sie klettert gerne auf Baumstämme, wälzt sich im Gras und tollt durch das seichte Wasser der Becken. Am Ende des Tages ist sie vom Spielen meist ganz schmutzig und nicht mehr eisbärentypisch weiß. Nora ist eine sehr entspannte Mutter. Selbst wenn Finja neckisch in ihr Fell beißt, bringt sie das nicht aus der Ruhe. Mit ihren sieben Jahren ist Nora noch sehr jung und gibt eine gute Spielgefährtin ab. Zwischendurch ziehen sich die beiden in die Innenräume zurück, um sich auszurasten und ein kleines Nickerchen zu halten. Gut ausgeruht ist Finja besonders aktiv. Sie knabbert an Sträuchern, jagt den frechen Krähen hinterher und spielt mit Bällen. Von ihrer Mutter lernt sie bereits Futter kennen und knabbert auch schon mit. Sie wird aber noch gesäugt. Wenn Finja unabsichtlich in das große Tauchbecken plumpst, fischt ihre Mutter sie aus dem Wasser. Klettert sie auf einen zu hohen Felsen, weist ihre Mutter ihr den Weg herunter. Für Finja ist alles neu und aufregend. Aber stets an ihrer Seite: ihre fürsorgliche Mutter Nora. Und immer in Sichtweite: ihre Tierpfleger.

Finjas Fotoalbum

Allerlei Knabbereien

DIE EISBÄRENWELT

Auf Entdeckungsreise durch das „Franz Josef Land"

Seit der Eröffnung der neuen Eisbärenwelt im Jahr 2014 ist der Tiergarten Schönbrunn um eine große Attraktion reicher: Vom Informationszentrum „Polardom" aus können die Besucherinnen und Besucher die Eisbären beim Tauchen im fünf Meter tiefen Becken erleben. Nur durch eine riesige Glasscheibe getrennt, erscheinen die Eisbären unter Wasser zum Greifen nahe. Um die Tiere zu animieren, richtig tief abzutauchen, hat sich der Zoo etwas Besonderes einfallen lassen: Mit einer „Sardinen-Rohrpost" werden Futterfische auf den Boden des Tauchbeckens geschossen.

Zweieinhalb Jahre lang wurde an der Anlage gebaut, die über 1.700 Quadratmeter groß ist und 10,7 Millionen Euro gekostet hat. Der Name „Franz Josef Land" ist eine Hommage an die historischen Verdienste Österreichs bei der Erforschung arktischer Regionen. Mit wechselnden Bodenstrukturen bietet sie den Tieren eine abwechslungsreiche Landschaft. Die Eisbären liegen gerne auf den Felsen oder wälzen sich im Rindenmulch, bis sie Braunbären ähneln. Fels- und Geröllflächen werden durch Bachläufe, einen kleinen Wasserfall und unterschiedlich tiefe Becken

unterbrochen. Etwa 450 Quadratmeter an Wasserfläche stehen den Tieren zur Verfügung. Insgesamt fassen die Schwimm- und Tauchbecken 630.000 Liter Wasser. Zwei Drittel davon sind mit Salzwasser, die restlichen Becken mit Süßwasser gefüllt. Dank einer Filteranlage kann das Wasser gereinigt werden und muss nur einmal pro Jahr getauscht werden. Dem Tiergarten Schönbrunn ist der nachhaltige Umgang mit Ressourcen ein großes Anliegen. Eine 47 Quadratmeter große Photovoltaikanlage auf

dem Dach des Polardoms erzeugt einen Teil des elektrischen Stroms für die Wasseraufbereitung.

Nachdem der Tiergarten Schönbrunn in der Eisbärenzucht seit jeher sehr erfolgreich ist, wurde bei der Planung der Eisbärenwelt darauf natürlich besonderes Augenmerk gelegt. 1960 wurde in Wien erstmals ein Eisbären-Jungtier geboren. Die kleine Klara hatte allerdings nicht so viel Glück wie Finja. Sie wurde von ihrer Mutter nicht angenommen und musste von den Pflegern mit der Hand aufgezogen werden. Auch heute noch ist die Zucht von Eisbären eine Herausforderung. Aber Schönbrunn konnte auf die Erfahrungswerte des Teams bauen. Was sich bereits in der alten Anlage bewährt hatte, wurde beim Bau der Eisbärenwelt wieder aufgegriffen. Darunter fallen die Wurfhöhlen, die an die Schlafboxen angegliedert sind. Ihre Größe von zwei mal zwei Meter ist gezielt gewählt, denn die Höhlen simulieren Schneehöhlen in der Arktis, die durch ihre Enge Wärme und Sicherheit geben. Alles andere sollte in der neuen Anlage für die Tiere deutlich größer und besser werden als zuvor. Vor allem an jene Zeit, in der die Eisbären-Mutter getrennt vom Vater ihr Jungtier aufzieht, wurde gedacht. Die neue Eisbärenwelt kann in zwei annähernd gleich große und ähnlich ausgestattete Bereiche geteilt werden. Dafür wurden mobile Klappbrücken entwickelt. Die sensiblen Tiere haben einen engen Bezug zu ihren Pflegerinnen und Pflegern. Wenn die Pfleger in ihren Pausen gemeinsam im Aufenthaltsraum sitzen, schaut vor allem Ranzo gerne beim Fenster herein. Umso mehr, weil er weiß, dass ihm durch den Schlitz unter dem Fenster Leckerbissen

gereicht werden können. Im Backstage-Bereich befinden sich weiters eine Küche und ein Kühlraum, in dem gefrorene Fische und Fleischstücke aufgetaut werden.

Frostig mutet auch der Polardom an. Selbst an heißen Tagen kann man hier dank abgesenkter Raumtemperatur und Seemöwengeschrei das Leben an den Polen mit allen Sinnen erfahren. Anhand von Grafiken, Fotos und interaktiven Spielen können die Besucherinnen und Besucher auf mehreren barrierefrei zugänglichen Ebenen mehr über Eisbären, die Erforschung der Polargebiete und das Leben im ewigen Eis erfahren und die Arbeit der Organisation Polar Bears International zur Erforschung und Rettung der Eisbären kennenlernen. Ein frei hängender Globus verdeutlicht, warum sich Eisbär und Pinguin in der Wildbahn nie begegnen können. Im Schönbrunner „Franz Josef Land" ist das anders. Hier wohnen beide in unmittelbarer Nachbarschaft. Vom Polardom öffnet sich ein Blick in das Polarium, in dem Felsen- und Königspinguine leben. Eisbären sind nicht nur Besucherlieblinge, sondern auch ein Symbol für den Klimawandel. Im Polardom informiert der Tiergarten deshalb in

erster Linie über die Probleme, die die Erderwärmung für die Eisbären mit sich bringt und zeigt Maßnahmen auf, was wir zum Schutz der sensiblen polaren Lebensräume und ihrer Bewohner tun können. Dieses Wissen vermittelt der Tiergarten auch bei Veranstaltungen. Zoologische Gärten haben einen Bildungsauftrag. So wird alljährlich der Welteisbärentag am 27. Februar genützt, um vor allem Kinder, die Artenschützer von morgen, für den Klimaschutz zu gewinnen.

Finjas Fotoalbum

Über Stock und Stein

POLAR BEARS INTERNATIONAL

Im Einsatz für die Eisbären

Von einer kleinen Gruppe von leidenschaftlichen Artenschützern, Wissenschaftlern und Freiwilligen gegründet, setzt sich die kanadische Organisation Polar Bears International (PBI) seit 1992 maßgeblich dafür ein, den Eisbären in der Wildbahn die Zukunft zu sichern. Wie viele Eisbären es in der Arktis noch gibt, können selbst Experten nur schätzen. Die aktuellste Studie, veröffentlicht im Jahr 2018, geht von 23.000 Tieren aus. Über den Nordpolarkreis verstreut, leben insgesamt 19 Eisbären-Populationen. Rund 60 Prozent der Eisbären leben in Kanada, darüber hinaus sind sie in Alaska und Russland sowie auf Grönland und Spitzbergen heimisch.

Seit 2006 steht der Eisbär als „gefährdet" auf der Roten Liste der Weltnaturschutzorganisation IUCN. Die größte Bedrohung stellt die globale Erderwärmung dar. Den weißen Riesen schmilzt ihr Lebensraum unter den Pfoten weg. Durch die steigenden Temperaturen gefriert das Packeis immer später und taut immer früher wieder auf. Doch nur dort können Eisbären Jagd auf Robben, ihre wichtigste Nahrungsquelle, machen. Sie lauern ihrer Beute am Rand der Atemlöcher im

Eis auf. Wenn eine Robbe zum Luftholen an die Oberfläche kommt, schlägt der Eisbär zu. Gute Chancen bieten sich auch, wenn sich eine Robbe auf dem Eis sonnt. Der Rückgang des Eises führt zu Futtermangel. Die Raubtiere müssen an Land gehen, wo sie keine Robben jagen können, oder auf der Suche nach Eis weitere Strecken schwimmen. Ihre „Fastenzeit" wird dadurch immer länger. PBI untersucht, welchen Einfluss der Rückgang des Packeises langfristig auf Eisbären hat. Zu diesem Zweck

werden ausgewählte Weibchen mit Halsbandsendern ausgestattet, um ihre Routen per Satellit verfolgen zu können. Die gesammelten Daten geben Aufschluss darüber, in welchen Regionen die Tiere bevorzugt leben, welche Distanzen sie zurücklegen und wo sie ihre Jungtiere aufziehen. Auf Basis dieser Informationen sollen geeignete Schutzzonen errichtet werden. Eisbären sind gute Schwimmer und Taucher. Die Veränderungen des Packeises durch den Klimawandel bringen sie allerdings an ihre Grenzen. So ist beispielsweise eines der besenderten Weibchen innerhalb von neun Tagen 685 Kilometer geschwommen, ohne einen geeigneten Platz zum Rasten zu finden. Auf dem Weg verlor es nicht nur 22 Prozent seines Körpergewichts, sondern auch sein Jungtier. Gerade für junge und für geschwächte Bären sind lange Schwimmdistanzen extrem hart.

Der Tiergarten Schönbrunn zählt zu den langjährigen Unterstützern von PBI. Im November 2019 wurde wieder ein Weibchen mit einem Halsbandsender versehen, dessen Erforschung vom Tiergarten finanziert wird. Die Routen aller Bärinnen, die einen Sender tragen, können auf der Internetseite von PBI in der „Bear Tracker Map" verfolgt werden. Über eine Abstimmung auf der Facebook-Seite des Tiergartens wurde ein Name für das 16-jährige Weibchen mit der Sender-Nummer X32491 ermittelt: Die Wahl fiel auf „Hope Vienna". Ein passender Name, denn noch besteht Hoffnung für die Eisbären. Aber wir müssen dringend handeln! Diese Botschaft wird auch im Polardom, dem Besucherzentrum der Eisbärenwelt des Tiergartens, vermittelt. Er ist eines von 50 Arctic Ambassador Centers von PBI, die es in

führenden Zoos, Aquarien und Museen gibt. Hier werden Maßnahmen vorgestellt, wie jeder einzelne von uns zum Klimaschutz und damit zum Schutz der Eisbären in der fernen Arktis beitragen kann. Polar Bears International ist die einzige Organisation, die sich ausschließlich den Eisbären verschrieben hat. Die Mitarbeiterinnen und Mitarbeiter sind davon überzeugt, dass Wissen ein Katalysator für Veränderungen ist und Inspiration mehr bewirkt als verängstigende Botschaften. PBI ist führend in der Erforschung der Eisbären und studiert gemeinsam mit Partnern – unterstützt durch modernste Technologien – ihren Lebensraum, ihr Verhalten und ihre Bedrohung. Aktuell wird unter anderem versucht, mehr über die Zeit der Eisbären-Mütter in den Wurfhöhlen herauszufinden, da sich menschliche Aktivitäten in der Arktis zunehmend negativ auf die Jungtier-Aufzucht auswirken. Ein Pilotprojekt beschäftigt sich mit der körperlichen Verfassung von Eisbären, die durch eine Kombination aus Beobachtung und digitaler fotografischer Messung beurteilt werden soll. Bei Forschungsarbeiten, die in der Wildbahn nicht möglich sind, arbeitet PBI eng mit Zoos zusammen. Wissenschaftlich geführte Zoologische Gärten stellen für PBI wichtige Partner dar. Mit ihrer Vielzahl an Besucherinnen und Besuchern erreichen Zoos eine breite Öffentlichkeit und können diese für den Klimaschutz gewinnen. Letztlich betreffen die Auswirkungen des Klimawandels nicht nur die Eisbären, sondern natürlich auch uns Menschen. Aber der letzte Akt ist noch nicht geschrieben. Gemeinsam können wir viel bewirken!

*"Without action, we will
simply become polar bear historians.
We can't let that happen — and
with your support, we won't."*

Dr. Steven C. Amstrup – Chief Scientist, Polar Bears International

Finjas Fotoalbum

Süße Wasserratte

MIT FREUNDLICHER UNTERSTÜTZUNG VON:

TIERGARTEN SCHÖNBRUNN
Tiere sehen. Arten schützen.
www.zoovienna.at

TIERE SEHEN. ARTEN SCHÜTZEN.

DEM GLÜCK EINE CHANCE GEBEN
österreichische LOTTERIEN

LÄNGSTER PARTNER DES TIERGARTEN SCHÖNBRUNN

POM-BÄR®

ARTENSCHUTZ IST BÄRENSACHE

Nikon

CAPTURE TOMORROW